U0133429

林业草原科普读本

中国国家公园

国家林业和草原局宣传中心
国家林业和草原局国家公园管理办公室 编

中国林业出版社
China Forestry Publishing House

图书在版编目（CIP）数据

中国国家公园 / 国家林业和草原局宣传中心，国家林业和草原局国家公园管理办公室编. -- 北京：中国林业出版社，2020.12（2023.10重印）

（林业草原科普读本）

ISBN 978-7-5219-0903-6

Ⅰ.①中… Ⅱ.①国… Ⅲ.①国家公园—建设—中国—普及读物 Ⅳ.①S759.992-49

中国版本图书馆CIP数据核字（2020）第213610号

责任编辑：何　蕊
执　　笔：袁丽莉
装帧设计：五色空间

中国国家公园

Zhongguo Guojia Gongyuan

出版发行　中国林业出版社

　　　　　（100009，北京市西城区刘海胡同7号，电话：83143580）

电子邮箱：cfphzbs@163.com

网　　址：www.forestry.gov.cn/lycb.html

印　　刷：河北京平诚乾印刷有限公司

版　　次：2020年12月第1版

印　　次：2023年10月第2次印刷

开　　本：787mm×1092mm　1/32

印　　张：4.375

字　　数：74千字

定　　价：32.00元

中国实行国家公园体制，目的是保持自然生态系统的原真性和完整性，保护生物多样性，保护生态安全屏障，给子孙后代留下珍贵的自然资产。这是中国推进自然生态保护、建设美丽中国、促进人与自然和谐共生的一项重要举措。

——摘自《习近平致第一届国家公园论坛的贺信》

2019 年 8 月 19 日

中国正式设立三江源、大熊猫、东北虎豹、海南热带雨林、武夷山等第一批国家公园，保护面积达 23 万平方公里，涵盖近 30% 的陆域国家重点保护野生动植物种类。

——摘自习近平主席在《生物多样性公约》第十五次缔约方大会领导人峰会上的主旨讲话

2021 年 10 月 12 日

　　中国是世界上生物多样性最丰富的国家之一，是世界上唯一具备几乎所有生态系统类型的国家。丰富的生物多样性不仅是大自然留给中国的宝贵财富，也是大自然留给全世界人民的共同财富。

　　党的十九大之后，中国特色社会主义新时代树立起了生态文明建设的里程碑，把"美丽中国"从单纯对自然环境的关注，提升到人类命运共同体理念的高度，将建设生态文明提升为"千年大计"。"人与自然是生命共同体，人类必须尊重自然、顺应自然、保护自然""像对待生命一样对待生态环境""生态文明建设功在当代、利在千秋"等价值观引领思潮，构筑尊崇自然、绿色发展的生态体系逐渐成为了人们的共识。

十九届五中全会明确要坚持"绿水青山就是金山银山"理念，坚持尊重自然、顺应自然、保护自然，坚持节约优先、保护优先、自然恢复为主，守住自然生态安全边界。为了让更多人了解中国生态保护所做的努力，使生态保护、人与自然和谐共生的理念深入人心，国家林业和草原局宣传中心组织编写了"林业草原科普读本"，包括《中国国家公园》《中国草原》《中国自然保护地》等分册。

《中国国家公园》主要介绍了中国国家公园的定义、理念、特色、发展情况，并从自然资源、人文特色等多个角度介绍了 10 个中国国家公园体制试点区的基本情况。在每一章节的结尾，对核心知识点以一问一答的形式进行了梳理与注释。

建设中国国家公园是中国推进自然生态保护、建设美丽中国、促进人与自然和谐共生的一项重要举措。希望通过这本书，大家可以开始了解并热爱中国国家公园。

编者

2020 年 11 月

目录 CONTENTS

第一章　带你认识国家公园

第二章　带你探索国家公园

◉大熊猫国家公园

◉祁连山国家公园

◉海南热带雨林
国家公园

东北虎豹国家公园▶

三江源国家公园▶

◉武夷山国家公园

◉普达措国家公园

钱江源国家公园▼

◉神农架国家公园

南山国家公园▶

第一章
带你认识国家公园

国家公园的概念兴起于美国，1872年美国国会批准设立了世界最早的国家公园——黄石国家公园。虽然不同国家对国家公园的理解各异，但都是建立在自然保护地基本意义之上的。

截至2020年底，我国共建设东北虎豹、祁连山、大熊猫、三江源、海南热带雨林、武夷山、神农架、普达措、钱江源、南山10个国家公园体制试点，涉及12个省，总面积超过22万平方千米，约占国土陆域面积的2.3%。

在第一章的内容中，我们将带你去了解什么是国家公园，为什么要建设国家公园，中国国家公园具有哪些特色。这是我们认识国家公园的第一步。

01 国家公园是如何兴起的

国家公园是自然保护地的一种重要形式，兴起于美国，随后在世界范围得到发展并逐步走向成熟。

我们该如何定义国家公园呢？毕竟，不能凭借面积大、生物多样性丰富这些简单的要素来区分国家公园与普通公园。世界自然保护联盟（IUCN）解决了这个问题。1969年，该联盟对国家公园进行了定义，并得到了全球学术组织的普遍认同。

▽四川卧龙大熊猫栖息地针阔叶混交林

简单总结一下国家公园的关键词——面积大；生态系统被开发程度低；具有特定作用或价值；国家可以管控；观光需要得到批准。牢牢地记住这几点，我们就可以轻松区分出普通公园与国家公园了。

目前，世界上已经有200多个国家建立了自己的国家公园。不同国家的国家公园，在类型和特征方面都有区别。例如，美国的国家公园以自然原野地为主，非洲的国家公园以野生动物栖息地为主，欧洲的国家公园以人工半自然乡村景观为主。虽然国家公园体制各异，类型不同，但它们有着共同特点——代表国家自然和文化核心特质的一种自然保护地类型。

日常生活中，除了国家公园，我们还经常听到这样两个名词——自然保护地和自然保护区。既然都是对自然资源的保护，他们之间到底有什么区别呢？

首先，我们可以从不同的定义去理解。自然保护地是由政府依法划定或确认，对重要的自然生态系统、自然遗迹、自然景观及其所承载的自然资源、生态功能和文化价值实施长期保护的陆域或海域。自然保护区是指保护典型的自然生态系统、珍稀濒危野生动植物种的天然集中分布区、有特殊意义的自然遗迹的区域。

△ 白唇鹿

△ 大熊猫

▲ 川金丝猴家族

🔺 海南霸王岭稚嘉松

　　其次，我们可以从不同的特点去理解。

　　自然保护地是生态建设的核心载体、中华民族的宝贵财富、美丽中国的重要象征，在维护国家生态安全中居于首要地位。国家公园边界清晰，保护范围大，生态过程完整，具有全球价值、国家象征，国民认同度高。自然保护区面积较大，确保主要保护对象

安全，维持和恢复珍稀濒危野生动植物种群数量及赖以生存的栖息环境。

　　总结一下，国家公园属于自然保护地，并且，在自然保护地体系中居于主体地位。国家公园建立后，在相同区域不再保留或设立其他自然保护地类型。

一问一答

Q：世界上第一个国家公园是哪里？它是哪年成立的？

A：美国黄石国家公园，成立于 1872 年。

美国黄石国家公园

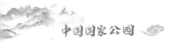

02　什么是中国的国家公园

　　国家公园是由国家批准设立并主导管理的特定陆地或海域，是我国自然保护地最重要的类型之一，属于禁止开发区域，以保护具有国家代表性的大面积自然生态系统为主要目的，实现自然资源科学保护和合理利用。

▽ 藏野驴

　　国家公园实行分区管控，原则上核心保护区内禁止人为活动，一般控制区内限制人为活动。在坚持生态保护第一的原则上，只允许在一般控制区内为公众提供精神享受、科研、教育、娱乐、游憩机会，推动自然教育和生态体验等公共服务，实现全民共享，世代传承。

　　与世界上的其他国家相比，我国国家公园的特色主要体现在立足于人多地少、历史悠久、开发强度大的基本国情，有这样三个特点：

● 将国家公园体制作为国家战略，把保护放在第一位。

● 对自然区域承载的人文要素进行保护传承。

● 国家公园建设同时肩负着生态保护、经济发展、改善民生等重任。

虽然国家公园的概念兴起于美国，但中国也为国家公园的建设做了许多的努力。一切成功都源自于从无到有的创造。虽然中国国家公园的建设起步晚，但每一步都走得扎实稳健，国家公园的建设需要数代人的坚持。

△ 海南桫椤

◎ 南山山林

 一问一答

Q：建立国家公园体制，主要解决哪些问题?

 A：实现对自然保护区、风景名胜区、文化自然遗产、地质公园、森林公园等资源的优化整合，有利于对"山水林田湖草沙"进行严格保护、整体保护、系统保护。

霸王岭红花天料木

03 如何树立正确的国家公园理念

国家公园是我国自然保护地最重要的类型之一，我们要正确认识并保护国家公园。它的三大理念是什么呢？

● 坚持生态保护第一

建立国家公园的最重要目的是保护自然生态系统的原真性、完整性，始终突出自然生态系统的严格保护、整体保护、系统保护，把最应该保护的地方保护起

⊙ 武夷山国家公园大王峰

来。所以，在国家公园理念中，生态保护一定是最重要的！

● 坚持国家代表性

国家公园既具有极其重要的自然生态系统，又拥有独特的自然景观和丰富的科学内涵，具有很高的国民认同度，是我们国家可以世代传承的珍贵自然资产。国

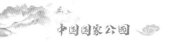

家公园具有国家象征性，代表着国家的形象，彰显着中华文明。所以，国家公园要以国家利益为主导，坚持国家所有，坚持国家代表性。

● 坚持全民公益性

国家公园既具有国家代表性，也具有全民共享

⚑ 武夷山国家公园九曲溪和玉女峰

性，这并不矛盾。国家公园坚持全民共享，着眼于提升生态系统服务功能，开展自然教育，为公众提供亲近自然、体验自然、了解自然以及作为国民福利的游憩机会，从而调动全民积极性，激发自然保护意识，增强民族自豪感。所以，国家公园具有全民公益性的特征。

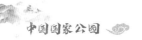

一问一答

Q：树立正确的国家公园理念，包括哪些内容
呢？

A：坚持生态保护第一；坚持国家代表性；坚持
全民公益性。

武夷山大竹岚

04 中国为什么要建立国家公园

新中国成立 70 年来，生态保护事业蓬勃发展，建立了包括自然保护区在内的各类自然保护地超过 1.18 万处，约占国土面积的 18% 以上，超过世界平均水平。但是，这些自然保护地分别由多个部门管理，我国自然保护地管理和发展还存在一些问题。

面对这些问题，该怎么办呢？世界国家公园的发展给了我们启发。为了解决这些问题，我国建立了国家公园体制。全国共有东北虎豹、祁连山、大熊猫、

▼ 华东屋脊——黄岗山

三江源、海南热带雨林、武夷山、神农架、普达措、钱江源、南山 10 个国家公园体制试点，涉及 12 个省，总面积超过 22 万平方千米，约占国土陆域面积的 2.3%。看着这一串数字，你是否也感到欣慰呢？

建立国家公园主要解决了两个问题：

● 打破按部门分头设置自然保护区、风景名胜区、文化自然遗产、地质公园、森林公园等的"九龙治水"局面，实现一个部门统一管理。

● 逐步改变按照资源类型分类设置自然保护地体系的做法，突出"山水林田湖草沙"的严格保护、整体保护、系统保护，使交叉重叠的碎片化问题得到有效解决。

一问一答

Q：2015年以来，我国国家公园体制试点工作
稳妥有序推进，取得了哪些主要成效？

A：初步探索管理体制改革；持续加大生态保护
修复力度；不断强化基础工作；社区共管有
效推进。

金猴岭原始森林

05 中国国家公园有什么特色

　　中国以其辽阔宽厚的土地，描绘出了一幅幅壮丽的山河画卷。昼夜更替，四季变换，那些山河岁月，虽静默无声，却刻进了每个华夏儿女的心中。

　　在这样一片神奇的土地上，每一寸风景都是独一无二的。那么，中国的国家公园有哪些特色呢？中国国家公园的特色主要体现在立足于人多地少、历史悠久、开发强度大的基本国情，突出的有三点：

▼ 猕猴岭林场天然林

● 将国家公园体制作为国家战略，把保护放在第一位，对那些还基本保持自然状态的区域实行更加严格的保护，目前仅东北虎豹、祁连山、大熊猫、三江源、海南热带雨林 5 个试点区的面积就超过了国土陆域面积的 2%。

● 中华民族千百年来顺应自然、道法自然，形成了许多的天人合一的生产生活模式，成为珍贵的自然文化遗产。国家公园不仅保护大面积的自然区域，还要重点关注这些自然区域承载的人文要素，加以保护传承。

● 生态好的地区也是经济相对落后的地区，国家公园建设需要肩负生态保护、经济发展、改善民生等重任，特别是要考虑拟建区域原住居民的生产生活需求，形成人与自然和谐的生产生活方式。

普达措国家公园尼汝七彩瀑布

◎ 神农顶高山杜鹃

一问一答

Q：中国国家公园具有哪些特色呢?

A：将国家公园体制作为国家战略，把保护放在第一位；国家公园不仅保护大面积的自然区域，还要重点关注这些自然区域承载的人文要素，加以保护传承；国家公园建设需要肩负生态保护、经济发展、改善民生等重任。

第二章
带你探索国家公园

　　读了第一章的内容，相信许多朋友一定想进一步了解这些国家公园吧。或风光宜人，或物种丰富，或文化深厚，或位置特殊，每个试点区都有属于自己的特色。希望本章的内容，可以在你的心中埋下一粒种子，从今天开始关注和支持中国国家公园。话不多说，让我们一起开始探索国家公园吧！

01 东北虎豹国家公园

虎和豹在我国的传统文化里，占据了极其重要的地位。长久以来，一直被视为力量与权力的象征，得到人们的敬畏与喜爱。从古至今，诞生了许多以虎和豹为题材的文化、绘画、影视作品。人们夸奖憨态可掬的小朋友，会用"虎头虎脑"来形容；人们称赞将好名声流传于世，会用"豹死留皮"来形容；由此可见，虎和豹在人们的心中是非常矛盾且和谐的存在——既威武凶猛又憨态可掬。

○ 东北虎豹国家公园 夏

东北虎

东北豹

东北虎豹国家公园 秋

如果你也喜欢毛茸茸的"大猫"，那肯定对东北虎豹国家公园感兴趣，这里是野生东北虎、东北豹生活的地方。野生东北虎是世界濒危野生动物之一，目前仅存不到 500 只。东北豹属金钱豹东北亚种，是目前世界上最为濒危的大型猫科动物亚种之一，被《世界自然保护联盟（IUCN）濒危物种红色名录》列为极危物种，其野生数量只有 50 只左右，大部分生活在中俄边境地带。

因为东北虎豹数量稀少，为了壮大野生东北虎豹家庭，让它们在中国快乐安家、繁衍生息、子子孙孙

▽ 东北虎豹国家公园 冬

⚠ 东北豹

⚠ 东北松茸

○ 东北虎

△ 东北豹

○ 天桥岭

无穷尽也，2016 年 12 月，开始自然资源资产管理体制试点与国家公园体制试点两项试点。

试点区位于吉林、黑龙江两省交界的老爷岭南部区域，总面积 1.46 万平方千米，其中吉林省片区约占 69%，黑龙江省片区约占 31%。试点区以中低山、峡谷和丘陵地貌为主，森林面积广阔。富饶的温带森林生态系统，养育和庇护着完整的野生动植物群系，是我国东北虎、东北豹最重要的定居和繁育区域，也是重要的温带野生动植物分布区，属于北半球温带区生物多样性最丰富的地区之一。

目前，试点区已发现至少有野生东北虎 37 只、东北豹 48 只。相信这个数字一定会越来越多的！

一问一答

Q：东北虎豹国家公园跨黑龙江、吉林两省，你知道他们各自占地的比例吗？

A：东北虎豹国家公园总面积1.46万平方千米，其中吉林省片区约占69%，黑龙江省片区约占31%。

02 祁连山国家公园

说到祁连山，大家会想到什么？

是连绵不绝的冰川，还是一望无际的沙漠？

是漫无尽头的黄土高原，还是零星分布的绿洲城市？

祁连山是我国西部重要的生态安全屏障，水资源涵养能力特别重要，也是雪豹等珍稀物种的栖息地。于是，2017年6月，开始了祁连山国家公园试点。

试点区位于甘肃、青海两省交界，总面积5.02万平方千米，其中甘肃省片区约占68.5%，青海省片

○ 祁连山国家公园

○ 星毛短舌菊

△ 金雕

祁连山高山水库海潮坝

△ 星毛短舌菊

△ 雪豹

○ 祁连山冰川

区约占 31.5%。试点区平均海拔 3000 米以上，分布有山地森林、温带荒漠草原、高寒草甸和冰川雪山等复合生态系统。

在祁连山国家公园，可以找到国家一级重点保护野生动物 15 种，如雪豹、白唇鹿、黑颈鹤、黑鹤、马麝等，但最受人们欢迎的动物莫过于雪豹。雪豹是高原地区的岩栖性的动物，经常在永久冰雪高山裸岩及寒漠带的环境中活动，被人们称为"高海拔生态系统健康与否的气压计"。

　　为了更好地观察、监测、保护雪豹，祁连山国家公园加强了监测调查力度，科学布局监测区域和范围。例如，青藏高原西北角的花儿地，是祁连山国家公园青海片区最西端的无人区，但它却是祁连山国家公园内雪豹等大型哺乳动物分布最为集中的区域，也是祁连山国家公园开展雪豹等野生动物研究的最佳地点。

　　随着自然环境的不断修复，祁连山国家公园内野生动植物资源愈加丰富。独特而典型的自然生态系统和生物区系，已名副其实成为我国生物多样性保护的优先区域和西北地区重要的生物种质资源库。

　祁连山

多刺绿绒蒿

野牦牛

一问一答

Q：在祁连山国家公园，国家一级重点保护野生动物有哪些？

A：雪豹、白唇鹿、黑颈鹤、黑鹳、马麝等。

▲ 雪莲

03 大熊猫国家公园

有什么动物咬合力惊人，却靠卖萌为生？

有什么动物相貌可爱，却没办法拥有一张彩色照片？

有什么动物可以代表中国，受到全世界人民的喜爱？

它就是没有人不喜欢的滚滚——大熊猫。

多年以来，大熊猫的保护受到了世界人民的关注与支持，灭绝风险从"濒危"下调为"易危"。虽然灭绝风险降低了，但其栖息地碎片化问题仍然很严

◉ 大熊猫国家公园白水江管理分局

🔻 野生大熊猫母子

🔻 野生大熊猫

🔺 雪豹

🔺 金丝猴

▼ 尢丽山

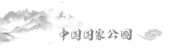

重。为了推动大熊猫栖息地整体保护和系统修复，实现大熊猫种群稳定繁衍，打造我国重要生态屏障、维护生态安全，促进人与自然和谐共生，2016年12月开始大熊猫国家公园体制试点。

试点区总面积2.71万平方千米，横跨四川、陕西、甘肃三省12个市（州）30个县（市、区），其中四川省片区约占74.36%，陕西省片区约占16.16%，甘肃省片区约占9.48%，分为岷山、邛崃山—大相岭、秦岭、白水江四个片区。

◔ 大熊猫母子

◔ 绿尾虹雉

▲ 大熊猫母子

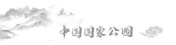
试点区是全球地形地貌最为复杂、气候垂直分布最为明显、生物多样性最为丰富的地区之一，也是我国生态安全屏障的关键区域。这里有野生大熊猫约1631只，占全国野生大熊猫总量的87.5%，大熊猫栖息地面积18056平方千米，占全国大熊猫栖息地面积的70.08%；有国家重点保护野生动物116种、国家重点保护野生植物35种，是全球生物多样性保护热点地区，也是我国生态安全战略格局"两屏三带"的重要区域。

⊙陕西太白大熊猫栖息地

除自然资源外，大熊猫国家公园范围内民族风俗习惯、宗教信仰多元化，民族文化、传统习俗绚丽多彩。有藏族、羌族、彝族、回族、蒙古族、土家族、侗族、瑶族等 19 个少数民族。此外，公园内文化遗产丰富多彩，有广元女儿节、白马藏族文化、羌族羊皮鼓舞、玉垒花鼓戏等。据统计，试点区有历史文化遗迹 89 项，国家级非物质文化遗产 30 项。

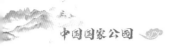

 一问一答

Q：你知道"两屏三带"是什么意思吗?

A："两屏三带"是我国构筑的生态安全战略。"两屏"指"青藏高原生态屏障""黄土高原 – 川滇生态屏障"；"三带"指的是"东北森林带""北方防沙带""南方丘陵山地带"。"两屏三带"形成了一个整体绿色发展的生态轮廓。

▲ 岷江冷杉大熊猫栖息地

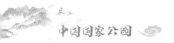

04 三江源国家公园

三江源，顾名思义，是长江、黄河、澜沧江三条大河的发源地。位于地球"第三极"青藏高原腹地，以山原和高山峡谷地貌为主。这里有中国面积最大的自然保护区，这里有中国海拔最高的天然湿地，这里也是世界高海拔地区生物多样性最集中的自然保护区。

▼ 三江源国家公园长江源支流当曲

△ 三江源自然景观

△ 点地梅

三江源国家公园

⚌ 全缘叶绿绒蒿

⚌ 雪豹

⚌ 达日尼多湿地

连绵起伏的山脉，终年不化的冰雪，涓涓流淌的细流，星罗棋布的湖泊……三江源的美丽，连文字都略显匮乏。抬头碧空如洗，低头青草沙沙，站在三江源这片神奇的土地上，会让人不由自主地开始思考自然与生命的意义。

为了保护长江、黄河、澜沧江三条江河的发源地以及世界范围内特有的高寒生物自然种质资源，实现对三江源典型和代表区域的山水林草湖等自然生态空间的系统保护、整体修复，于 2015 年 12 月，批准开始试点。三江源国家公园体制试点是我国第一个得到批复的国家公园体制试点，也是目前试点中面积最大的一个。

　　试点区位于青海省，包括长江源、黄河源、澜沧江源，涉及果洛藏族自治州玛多及玉树藏族自治州治多、曲麻莱、杂多 4 个县和可可西里自然保护区。总面积为 12.31 万平方千米，平均海拔 4713.62 米，它拥有世界上高海拔地区独有的高寒生态系统，尤其是冰川雪山、高海拔湿地、高寒草原草甸具有极其重要的水源涵养功能，素有"中华水塔"之称，是我国乃至亚洲重要的生态安全屏障，是全球气候变化反应最为敏感的区域之一，也是我国生物多样性保护优先区之一。

　　三江源国家公园体制试点成立以来，不断加大野生动物保护力度，坚持自然恢复为主，统筹实施黑土滩治理、沙漠化防治、矿山修复等生态工程，保护和修复了野生动物的栖息地，野生动物种群数量明显增加。

○ 鄂陵湖

⬥ 雪豹

⬥ 玛多黄河源

▼ 白唇鹿

▲ 白尾海雕

▲ 金雕

▼ 藏野驴

　　三江源国家公园目前有野生动物 125 种，多为青藏高原特有种，且种群数量大。其中兽类 47 种，包括雪豹、藏羚羊、野牦牛、藏野驴、白唇鹿、马麝、金钱豹 7 种国家一级重点保护野生动物，鸟类 59 种，包括黑颈鹤、白尾海雕、金雕 3 种国家一级重点保护野生动物，此外，还有鱼类 15 种。

一问一答

Q：生活在三江源国家公园的国家一级重点保护
野生动物有哪些？

A：国家一级重点保护野生动物有雪豹、藏羚羊、
野牦牛、藏野驴、白唇鹿、马麝、金钱豹、黑
颈鹤、白尾海雕、金雕等。

澜沧江源

05 海南热带雨林国家公园

你看过动画片《里约大冒险》吗？故事的主人公阿蓝的故乡，就是在里约热内卢的热带雨林中。

其实中国也是有热带雨林的，最为典型的代表就是云南西双版纳和海南。如果你也喜欢热带雨林茂盛的植物、多样的动物、湿润的空气，不妨深入了解一下海南热带雨林国家公园吧，相信你一定会爱上这与众不同的风景。

○ 海南热带雨林国家公园

▼ 海南坡鹿

▲ 海南长臂猿

▲ 帝罗山飞翠山瀑布群

海南热带雨林国家公园面积占全国国土面积的比例不足 0.046%，但却拥有全国约 20% 的两栖类、33% 的爬行类、38.6% 的鸟类和 20% 的兽类。为了保护岛屿型热带雨林生态系统以及我国热带珍稀濒危野生动植物资源，2019 年 1 月，开始海南热带雨林国家公园体制试点。

试点区位于海南省中部山区，东起吊罗山国家森林公园，西至尖峰岭国家级自然保护区，南自保亭县毛感乡，北至黎母山省级自然保护区，总面积 4403平方千米，约占海南岛陆域面积的 1/7。

▽ 雨林中的大板根

△ 坡鹿

△ 圆鼻巨蜥

▲ 一棵古树 "见血封喉"

海南热带雨林是世界热带雨林的重要组成部分，是热带雨林和季风常绿阔叶林交错带上唯一的"大陆性岛屿型"热带雨林，是我国分布最集中、保存最完好、连片面积最大的热带雨林，拥有众多海南特有的动植物种类，是全球重要的种质资源基因库，是我国热带生物多样性保护的重要地区，也是全球生物多样性保护的热点地区之一，具有国家代表性和全球保护的重要意义。

🍂 伯乐树

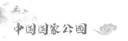

一问一答

Q：我国分布最集中、保存最完好、连片面积
最大的热带雨林叫什么？

A：海南热带雨林。

▲ 榕树的分支

06 武夷山国家公园

"寒夜客来茶当酒，竹炉汤沸火初红。"从古至今，茶在中华饮食文化中，占据着重要的地位，有着深厚的影响力。对于爱茶之人来说，盛产大红袍、武夷岩茶的武夷山，可是一个值得朝圣的好去处。

▽ 武夷断裂带

武夷山是全球生物多样性保护的关键地区，保存了地球同纬度最完整、最典型、面积最大的中亚热带原生性森林生态系统，也是珍稀、特有野生动物的基因库。为了保护世界同纬度带最完整、最典型、面积最大的中亚热带森林生态系统，以及珍稀、特有野生动植物，2016 年 6 月，武夷山国家公园体制试点正式启动。

　　试点区位于福建省北部，总面积 1001.41 平方千米，试点区整合了自然保护区、风景名胜区、国家森林公园、国家级水产种质资源保护区 4 种保护地类型。拥有"碧水丹山"特色典型丹霞地貌景观，而且生物多样性极为丰富。

　　武夷山国家公园自然环境多样，发育着多种多样的植被类型，拥有 210.7 平方千米未受人为破坏的原生性森林植被，是世界同纬度保存最完整、最典型、面积最大的中亚热带森林生态系统。根据国内外的调查、统计，武夷山国家公园共记录高等植物 269 科 2799 种（包含亚种、变种）。这些物种既有大量亚热带

的物种，也有从北方温带分布到这里的种类和从南方热带延伸到这里的种类，具有很高的植物物种丰富度。

武夷山国家公园地貌复杂，生态环境类型多样，为野生动物栖息繁衍提供了理想场所，被中外生物学家誉为"蛇的王国""昆虫世界""鸟的天堂""世界生物模式标本的产地""研究亚洲两栖爬行动物的钥匙"。经初步统计，武夷山国家公园共记录野生脊椎动物5纲35目125科332属558种，表现出丰富的物种多样性。

此外，武夷山国家公园还是一个充满历史文化魅力的地方。自然山水陶冶了人们的性情，启迪了人们

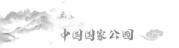

的智慧，人类的活动传播、发展了武夷山，为自然山水增辉添彩。先民的智慧、文士的驻足，在九曲溪两岸留下了众多的文化遗存。

或独特的自然风光，或丰富的物种资源，或灿烂的历史文化，相信每个人都可以在武夷山国家公园找到属于自己的精神家园。

△ 黄腹角雉

△ 白颈长尾雉

△ 钟萼木

▲ 畅游九曲

 一问一答

Q：武夷山国家公园拥有多大面积的原生性森林植被？

 A：约210.7平方千米，是世界同纬度保存最完整、最典型、面积最大的中亚热带森林生态系统。

07 神农架国家公园

昔日传说神农尝百草，在此圣地"架木为坛升仙天"。如今建起了神农架国家公园，吸引了全世界游客的目光。为了保护全球中纬度地区保存最为完好的北亚热带森林生态系统，以及以神农架川金丝猴为代表的古老、珍稀、特有物种，2016年5月，神农架国家公园体制试点正式启动。

试点区位于湖北省西北部，总面积1170平方千米，分布着常绿落叶阔叶混交林，以及高度聚集的濒

◎ 神农架国家公园

⚉ 川金丝猴母子

⚉ 珙桐鸽子花

▲ 神农谷喀斯特地貌风光

△ 金丝猴

▽ 神农架公园景色

危物种和特有物种，是中国特有属植物最丰富的地区。试点区还有世界级地史变迁的"地质博物馆"，地质遗迹神农架群具有重要的科研价值。

　　神农架国家公园拥有被称为"地球之肺"的亚热带森林生态系统、被称为"地球之肾"的泥炭藓湿地生态系统，是世界生物活化石聚集地和古老、珍稀、特有物种避难所，被誉为北纬31°的绿色奇迹。这里有珙桐、红豆杉等国家重点保护的野生植物36种，金丝猴、金雕等重点保护野生动物75种。

△ 神农顶流云飞瀑

　　值得一提的是，世界上的金丝猴仅存 5 个物种，均列入《世界自然保护联盟（IUCN）濒危物种红色名录》，其中，川金丝猴野外生活在植被环境很原始的森林，是衡量森林健康、完整与否的旗舰物种。蓝色的面庞，金色的毛皮，灵动的性格，川金丝猴凭借自己可爱的模样，不知不觉就变成了人们心中神农架国家公园的"代言人"。

△ 金丝猴家庭

△ 中国鸽子树

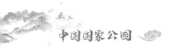

一问一答

Q：生活在神农架的川金丝猴有哪些特征呢？

A：川金丝猴，别名狮子鼻猴、仰鼻猴、金绒猴等。属灵长目、猴科、仰鼻猴属。体型中等，鼻孔向上仰，颜面部为蓝色，无颊囊。颊部及颈侧棕红，肩背具长毛，色泽金黄，尾与体等长或更长。群居高山密林中，为国家一级重点保护野生动物。

▲ 神农架神农谷

08 普达措国家公园

普达措位于滇西北"三江并流"世界自然遗产中心地带，由国际重要湿地碧塔海自然保护区和"三江并流"世界自然遗产哈巴片区之属都湖景区两部分构成，是滇西北高原生物多样性保护与水源涵养的国家重点功能区，也是全球三大生物多样性热点汇集的区域。

为了保护横断山"三江并流"世界自然遗产地核心地带自然景观和生物多样性，2016年10月，普达措国家公园体制试点正式启动。

⚠ 血雉

⚠ 绿尾虹雉

⚠ 普达措国家公园属都湖景观

▲ 普达国家公园尼汝七彩瀑布

○ 黑颈鹤

△ 横断山绿绒蒿

○ 普达措国家公园体制试点区景色

　　试点区位于中国西南横断山脉、云南省迪庆藏族自治州香格里拉市境内，总面积602.1平方千米，大部分地区海拔在3500米以上，以碧塔海、属都湖和弥里塘亚高山牧场为主要组成部分，是遗产地范围内发育最完整、展示最集中的第四纪冰川地貌遗迹。试点区范围内包含了较为原始完整的森林灌丛、高山草甸、湿地湖泊、地质遗迹、河流峡谷生态系统。

△ 属都湖晨雾

　　来普达措国家公园，不仅可以欣赏壮阔美丽的自然景观，还可以体验丰富有趣的民族文化。自然景观资源，包括地质地貌景观资源、湖泊湿地生态资源、森林草甸生态资源、河谷溪流资源、珍稀动植物和观赏植物资源；人文景观资源，包括为普达措国家公园自然生态景观注入活的灵魂的藏族传统文化，包括宗教文化、农牧文化、民俗风情以及房屋建筑等。自然景观和人文景观，共同构成了普达措国家公园独特的气质。

△ 黑颈鹤

一问一答

Q：“三江并流”指的是哪三条江？

A：三江并流，是指金沙江、澜沧江和怒江这三条发源于青藏高原的大江，在云南省境内自北向南并行奔流170多千米的区域，跨越了云南省丽江市、迪庆藏族自治州、怒江傈僳族自治州的9个自然保护区和10个风景名胜区。

普达特国家公园

09 钱江源国家公园

三江源是长江、黄河、澜沧江三条大河的发源地,那钱江源呢?根据名字可以猜到,钱江源是钱塘江的发源地,地处浙江省开化县。

钱江源国家公园体制试点区是浙江乃至华东地区的生态屏障和水源涵养区,区内河谷、湿地栖息了多种野生动植物和鸟类,是中国东部重要的生物基因库,且景观资源丰富。为了保护全球保存最为完好、

▽ 钱江源

114

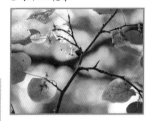
▼ 长柄双花木

▲ 白颈长尾雉

▲ 钱江源国家公园源头群

呈原始状态的大片低海拔中亚热带常绿阔叶林以及钱塘江源区的生态安全，2016年6月，钱江源国家公园体制试点正式启动。

试点区位于浙江省开化县，地处浙皖赣三省交界处，总面积252平方千米。包括古田山国家级自然保护区、钱江源国家森林公园、钱江源省级风景名胜区以及上述自然保护地之间的连接地带。是国家一级重点保护野生动物、世界濒危物种黑麂、白颈长尾雉的主要栖息地和集中分布区，也是钱塘江的主要发源地。

作为长江三角洲地区唯一的国家公园体制试点区，钱江源国家公园具有自然资源保护、科学研究、生态服务、示范推广四方面核心价值。

🜂 钱江源国家公园

🜂 亚热带常绿阔叶林

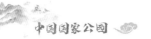

一问一答

Q：钱江源国家公园由哪几部分组成呢？

A：钱江源国家公园包括：古田山国家级自然保护区、钱江源国家森林公园、钱江源省级风景名胜区，以及上述自然保护地之间的连接地带。

▲ 南方红豆杉

10 南山国家公园

　　这里植物区系起源古老；这里生物多样性非常丰富；这里是生物物种遗传基因资源的天然博物馆；这里还是重要的鸟类迁徙通道。这里就是南山国家公园。

　　为了保护南方低山丘陵森林草坡生态系统和生物多样性，以及长江流域沅江、资江和珠江流域西江水系源头，2016年7月，南山国家公园体制试点正式启动。

▼ 南山国家公园白云湖

◭ 华南五针松

南山国家公园万顷绿浪

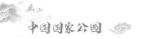

　　试点区位于湖南邵阳城步苗族自治县，主要由湖南南山国家级风景名胜区、金童山国家自然保护区、两江峡谷国家森林公园、白云湖国家湿地公园4个国家级保护地和部分具有保护价值的区域整合而成，总面积635.9平方千米。试点区地处南岭山系主峰区域，生态系统完整，是我国南北纵向山脉交汇枢纽，生物多样性极其丰富。

　　南山国家公园内拥有野生脊椎动物384种（鱼类58种、两栖类31种、爬行类49种、鸟类197种、哺

⊙ 南山国家公园

乳类49种）。其中，两栖类中有较多数量的珍稀濒危物种，例如大鲵、虎纹蛙，都属于国家二级重点保护野生动物。

　　南山国家公园的植物资源同样丰富，有维管束植物227科995属2835种，分布着多种珍稀濒危的保护植物，例如资源冷杉、南方红豆杉、伯乐树、银杉，都是国家Ⅰ级保护植物。更重要的是，南山国家公园植物区系古老性、过渡性明显，对于研究我国南部古代植物区系的发生和演变，以及古气候、古地理、冰川学等方面具有重要科学意义。

除此之外，南山国家公园的历史文化同样丰富多彩。规划范围内的文物保护单位、传统村落及其他重要遗产点多达 20 个，历史悠久，种类多样。高山红哨、南山共青城、老山界红军路，以及作为南山国家公园亮点的南山牧场与南山早期开发建筑群，无一不是南山国家公园文化与自然融合的见证。

⊙ 资源冷杉

⊙ 红腹锦鸡

▲ 松雀鹰

▲ 十万古田沼泽湿地

一问一答

Q：南山国家公园有哪些珍稀濒危的保护植物？

A：例如国家一级重点保护野生植物：资源冷杉、南方红豆杉、伯乐树、银杉。

老山界秋色意叶水音图摄姿